"十四五"时期国家重点出版物出版专项规划项目
农业科普丛书·少儿农业小百科系列

园丁的奇趣园

YUANDING DE QIQUYUAN

赖明建　孟丽君　主编

中国农业科学技术出版社

图书在版编目（CIP）数据

园丁的奇趣园 / 赖明建，孟丽君主编. -- 北京：中国农业科学技术出版社，2025. 2. -- ISBN 978-7-5116-7147-9

Ⅰ. S6

中国国家版本馆CIP数据核字第 2024P16967 号

责任编辑 马雪峰
责任校对 王　彦
责任印制 姜义伟　王思文

出 版 者 中国农业科学技术出版社
北京市中关村南大街 12 号　　邮编：100081
电　　话 （010）82106630（编辑室）　（010）82106624（发行部）
（010）82109709（读者服务部）
网　　址 https: // castp.caas.cn
经 销 者 各地新华书店
印 刷 者 北京中科印刷有限公司
开　　本 185 mm × 230 mm　1/16
印　　张 6.25
字　　数 108 千字
版　　次 2025 年 2 月第 1 版　　2025 年 2 月第 1 次印刷
定　　价 59.00 元

《园丁的奇趣园》

序　言

在地球漫长的历史长河中，生命以其丰富多样的形式演化了数十亿年之久。从最初简单的单细胞生物，逐步进化到复杂的多细胞生物，再到拥有精密器官系统的动植物，它们在自然环境中不断适应与发展，为地球生态系统的繁荣奠定了坚实的基础。

随着人类文明的演进，农业逐渐成为支撑社会发展的重要基石。在人与自然的互动历程中，人类通过不懈探索与创新，从原始的刀耕火种迈进了农业现代化的崭新阶段，极大地提升了农作物和畜禽的产量与质量。

回顾我个人的人生轨迹，与农业的深厚渊源似乎是命运巧妙的安排。在求知的道路上，我毅然选择了农业专业，从理论知识的汲取到田间地头的实践探索，每一步都充满了挑战与成长的喜悦。我深入钻研水稻等农作物的遗传育种，努力揭开生命奥秘的层层面纱。这些宝贵的经历不仅让我对农业有了全面而深刻的理解，更点燃了我对农业科普事业的无限热情。作为一名农业科技工作者，我深知科普工作对于启迪智慧、培育未来人才的重要性。

我特别推荐这套寓教于乐、生动有趣的《农业科普丛书·少儿农业小百科系列》，它犹如一把开启生命科学殿堂的金钥匙。这套丛书内容广泛，涵盖了作物、园艺、畜牧、微生物等多个领域，具有知识科学性、直观趣味性及动手实践性等多重特点：一是深入剖析了这些动植物的起源、历史、分布、种类、结构、营养价值、生长过程及生物育种等特性，展示了生物技术如何赋能农业，提升动植物的产量与质量，让人们的餐桌更加丰富多彩；二是通过大量直观易懂的图片，结合文字描述，将复杂的农业科技概念化繁为简，帮助读者轻松理解和记忆；三是注重实践应用，创新性地设计了多个动手实践环节，丰富了读者的阅读体验，帮助读者将所学知识融会贯通。这套《农业科普丛书·少儿农业小百科系列》汇聚了众多农业领域专家的智慧与经验，内容准确无误、生动有趣且实用性强。

我衷心希望全国的小朋友们能在轻松愉快的氛围中学习农业知识，激发探索自然的兴趣，从而吸引更多人投身于农业现代化建设的伟大事业中。

让我们携手步入奇妙的农业世界，感受大自然的无限魅力，共同为建设美丽中国、实现乡村振兴的美好愿景而不懈奋斗。

中国科学院院士

2025年1月6日

前 言

亲爱的小园丁：

你知道吗？番茄其实是“环球旅行家”，它从南美洲安第斯山脉出发，穿越海洋来到我们的餐桌；西瓜肚子里藏着“染色体密码”，科学家用神奇的“三倍体钥匙”打开了无籽的秘密；辣椒会“变装魔法”，一颗绿色小果能在阳光下换上红彤彤的新衣。翻开这本书，你会发现每一颗种子、每一朵花，都是大自然写给我们的一封“探索邀请函”，邀请你戴上科学家的护目镜，走进充满奇趣的植物王国。

在这里，植物是会说故事的老师。

番茄实验室：切开番茄观察“星星房”（横切面的胎座结构），用显微镜揭开表皮细胞的“透明盔甲”，再用温度魔法把酸甜果肉变成番茄酱。书里还藏着找回“儿时番茄味”的基因秘密哦。

西瓜解码站：给西瓜皮“搓个澡”熬成糖，解剖西瓜籽看看它的“三层防护服”，还能发现无籽西瓜家族“三倍体”的奇妙身世。偷偷告诉你，西瓜中间最甜的原因和“糖分运输机”胎座有关。

辣椒魔术屋：追踪辣椒从青涩到火红的“色素变装秀”，亲手调配辣酱的“风味密码”，甚至能用热水和牛奶上演“辣味消失术”。书里还揭秘了“卡罗来纳死神辣椒”的辣度排行榜。

蝴蝶兰创客工坊：在试管里用“细胞分身术”克隆花朵，给蝴蝶兰“相亲配对”培育混血品种，还能把凋谢的花瓣变成永不褪色的压花画！原来低温才是蝴蝶兰开花的“魔法开关”。

这本书就像一座会呼吸的“植物城堡”。

• 厨房变实验室：制作桑葚汁、桑葚酱，探索苦瓜炒蛋背后的“苦味素与野黄瓜汁酶”，制作西瓜霜，还能炒制风味西瓜籽。

• 阳台变科学观测站：记录辣椒每天长高几厘米，给番茄贴上“红绿灯标签”（观察转色阶段），观察蝴蝶兰在不同环境下的生长变化。

• 基因工程师体验课：了解科学家如何通过技术优化苦瓜的风味，利用植物细胞的全能性在实验室里培育出新的植株。

探险小贴士

1. 每章都有“科学装备箱”，准备好放大镜、显微镜，别忘了向爸爸妈妈“借”点冰糖和密封罐。

2. 遇到“为什么”小怪兽别慌张，书里的“知识雷达”会发射趣味漫画和冷知识炮弹，比如“嘉靖皇帝的西瓜疑心病”“桑树如何用苦味吓跑害虫”。

3. 所有实验都经过“安全博士团”（农业科学家）认证，但制作辣椒酱时建议戴上“防泪护目镜”和手套哦。

当你种出第一颗“热水定身”的青色番茄，当你用西瓜霜给家人缓解咽喉肿痛，当你骄傲展示“蚕宝宝吐丝日记”……你会发现：科学不是枯燥的公式，而是泥土里钻出的好奇芽，是显微镜下的细胞舞，是生命在指尖绽放的奇迹。

现在，请系好你的探索围裙，启动观察模式，让我们把阳台变成基因实验室，让厨房化作化学反应釜，一起破解植物的生命密码，成为最酷的“植物小院士”吧！

翻开书页，你就是下一个自然奇迹的创造者！

目　录

番 茄

红脸蛋儿圆，味道酸又甜，熟能当菜吃，生吃味道鲜。在蔬果的王国里，番茄犹如一颗璀璨的明珠，散发着独特的魅力。这个小小的果实，用它的美味和营养，丰富了我们的生活，成为我们健康生活的好伙伴。让我们走进番茄的奇妙世界，了解你所不知道的番茄吧！

番茄的起源及分布

你们知道番茄是怎么来的吗?

番茄原产于南美洲安第斯山脉地带的秘鲁、厄瓜多尔等地的高原或谷地，至今在这些地区仍可发现几乎全部的野生种类番茄。

随着印加帝国的灭亡，印第安人的迁徙将番茄传播到了北美洲南部的墨西哥。在墨西哥湾那片肥沃的土壤与湿润的气候条件下，经过自然演变与人工选育，番茄产生了丰富多彩的变异。

在我国，番茄最早大约于明万历年间，由西方的传教士、商人或华侨通过东南亚的海上丝绸之路引入南方沿海城市。最初，它仅被视为一种观赏植物。

番茄的分布

世界各地均广泛栽培番茄。中国、印度、美国、土耳其、埃及、伊朗、意大利和墨西哥等是世界上番茄栽培面积较大的国家。

在中国，番茄的种植面积占蔬菜种植总面积的10%以上。其中，河北、山东等省的种植面积较大。

番茄的定义

【中 文 名】番茄

【学　　名】*Solanum lycopersicum*

【英 文 名】tomato

【分　　类】茄科茄属

【别　　名】西红柿、洋柿子、西番柿、柑仔蜜、番李子、火柿子、六月柿

番茄是水果还是蔬菜呢?

番茄，这个圆滚滚、红彤彤的家伙，常常让人好奇它到底是水果还是蔬菜。番茄酸酸甜甜的，多汁美味，我们可以把它洗干净之后直接当水果生吃，也可以把它当作蔬菜来烹饪，比如做番茄炒蛋。番茄到底是水果还是蔬菜，你说了算吧!

番茄的种类

按照果实的形状，番茄可分为圆形、扁圆形、长圆形、尖圆形、桃形等多种类型。

钱袋番茄

“昨日之心”番茄

菠萝番茄

樱桃番茄

角番茄

普通（串）番茄

多肉番茄

绿斑马番茄

圆番茄

鸡尾酒番茄

按照果皮的颜色来区分，则有大红色、粉红色、紫色、绿色、黄色、橙色、黑色和多彩番茄等多种色彩。

番茄的结构

美味的番茄到底有着怎样的结构呢？

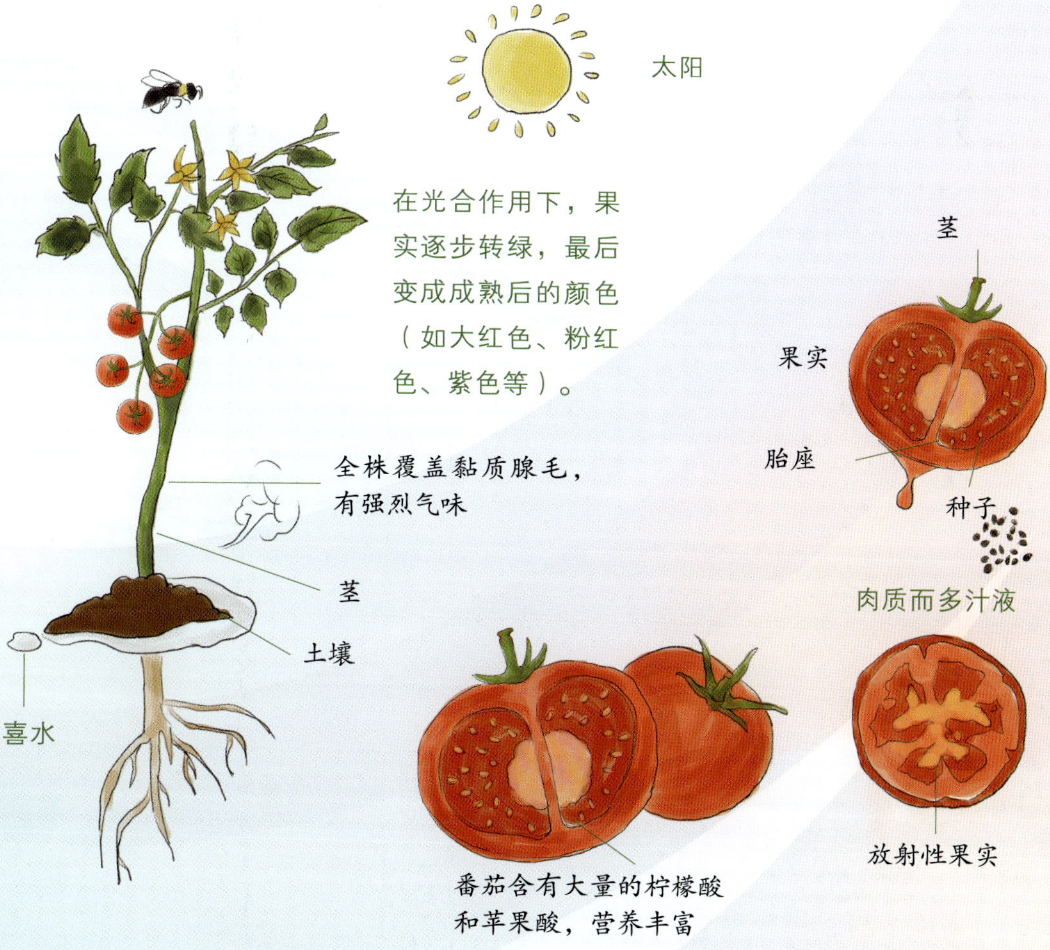

番茄的营养及食用价值

你们知道番茄的营养和食用价值有多高吗？

烟酸位居果品之冠
维生素A是莴笋的15倍
维生素C是西瓜的10倍
蛋白质是苹果的3倍
钙、磷是苹果的2～3倍
糖类只有苹果的1/6

番茄营养价值高，低糖，是不错的食物选择。

防癌抗癌	番茄红素
美容护肤	胡萝卜素、烟酸、维生素C等
健胃消食	苹果酸、柠檬酸等
骨骼健康	维生素K、钙质
保护心脏	类黄酮

番茄酒

番茄酱

番茄罐头

番茄红素保健品

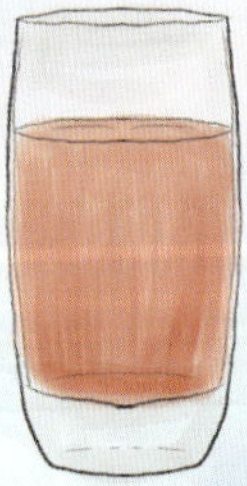

番茄汁

番茄的生长过程

番茄从种子到结果需要多长时间呢?

发芽期，从种子萌动到第1片真叶显露，在适宜条件下需要7～14天。子叶展开后生长点发出真叶，发芽即告完成。

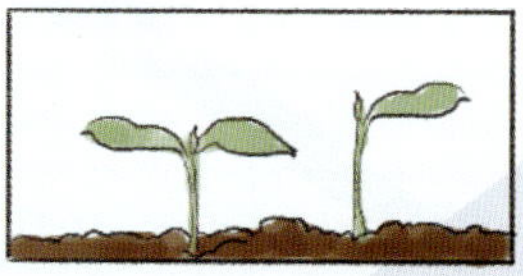

幼苗期，生长阶段通常持续20～25天。此期间根系生长快，会形成大量侧根，真叶数量增多，大量吸取养分。

开花期，从花蕾出现到第1个果实形成，持续20～30天。植株会开出黄色的小花。开花期对番茄的产量具有重要影响。

果实形成期，子房受精后便进入果实形成期，持续20～30天。这一时期，青色的番茄果实会迅速发育膨大。

成熟结果期，果实的膨大速度减慢，果实开始着色变红，内部营养物质不断转化，15～20天后，果实便可收获。

红色番茄果实不同成熟度的颜色

番茄的生物技术

找回番茄的风味基因，让我们吃到好吃不贵的“儿时味道”，一直是科学家们努力的目标。

※16世纪　　※1930年前后

野生种
醋栗番茄，非常小

突变种

选育过程中
追求大和红

自有的*GLK1*和*GLK2*基因丢失影响果实吸收太阳能，生成的糖分减少。

番茄怎么不甜了？

近年来，在科学家们的不断努力下，找到了控制番茄香味和甜味的基因。

找到相关
基因

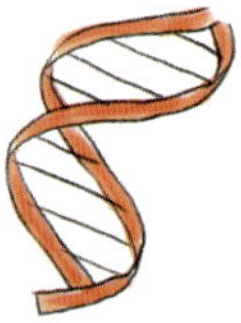

番茄中控制风味的基因*TomLoxC*在商业番茄品种中的占比从0%提升至6%。

“小时候的味道”回来啦。

随着现代技术的发展，番茄品质在先进的育种方法加持下变得越来越好，让我们一起来了解一下吧。

红果番茄

硬度大，耐储运

粉果番茄

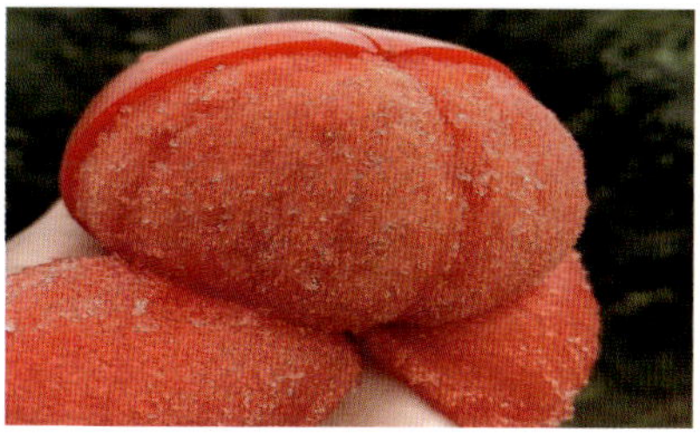

颜值高、风味佳，不易储存

基因组育种优化

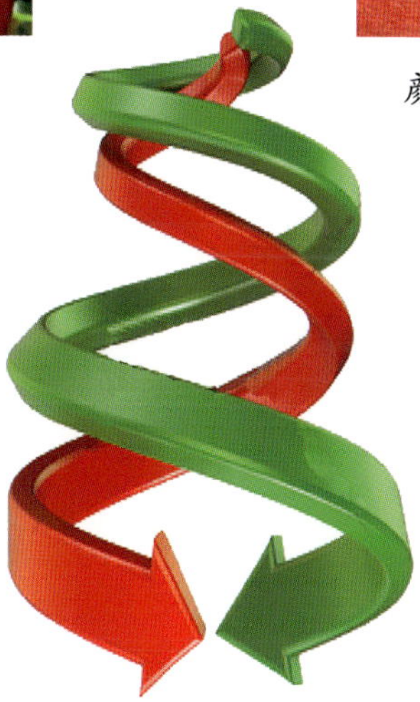

新的番茄品种

耐储存

风味佳

颜值高

番茄的种植日记

让我们一起来种番茄吧！

准备材料

适合当地气候和种植条件的优质番茄种子、营养土、肥料、花盆。

种植须知

开始前，我们先了解一下番茄的生长习性。番茄是喜光植物，要确保每天至少有6～8 h的直射阳光。生长适宜温度为20～25℃。

种植步骤

播种：将浸种完成的番茄种子，选10～20颗均匀撒播在装有疏松且透气性强的土壤的小花盆里，等待幼苗长出。

选苗：在选种苗时，应挑选植株健壮、无病虫害、茎部较粗、带有结节和子叶，并已长出4～5片真叶的种苗。

移栽：用手按住苗的底部将其取出，移栽到更大的花盆中，注意避免根部附着的土块碎裂。

浇水：充分浇水，直至观察到花盆底部有水流出为止。

支架搭建：准备好细木杆，当小番茄植株生长至20～30 cm时，需要搭建一个约50 cm高的支架；同时准备好细麻绳，将小番茄的茎轻轻靠在小木杆上，然后将茎和木杆轻轻捆绑在一起。

摘心：当小番茄植株超过支架继续向上生长时，需要摘除主枝顶端的嫩芽。

摘除侧芽：除了摘心之外，还需要及时摘除花朵下方的侧芽，以确保植株的整体发育。

追肥：番茄植株在结果后，对肥料的吸收能力会增强，需要每10天左右追加1次液体肥料。

收获：小番茄开花后，20天左右就会结果。待果实颜色完全变红后，即可采收。

实践1　番茄酱的制作

收获了那么多番茄的知识，让我们实践起来吧！

材料：番茄、冰糖、柠檬。

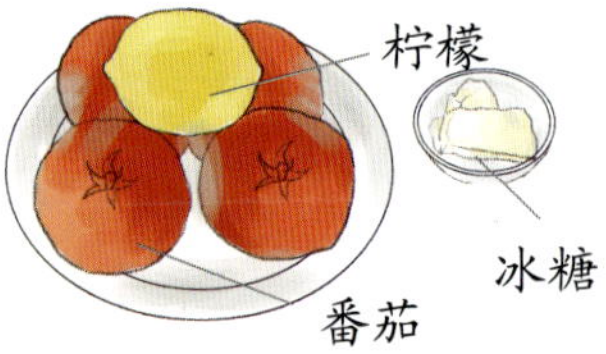

准备食材。

锅内倒入清水，大火烧开。将番茄洗净后，在其顶部表面划上十字花刀，然后将番茄放入沸水中焯烫几十秒。

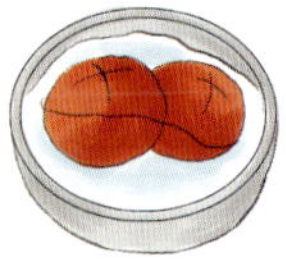

当番茄表面的皮开始发皱时，将其捞出。

撕去番茄皮，切掉蒂部，将番茄稍微改刀切小一些，之后放入料理机中打成果泥。

将打好的番茄泥倒入锅中，根据个人喜好加入冰糖（例如4个番茄加入2块稍大的冰糖），大火煮至冰糖完全溶化。

接着转小火慢慢熬煮，直至番茄酱变得浓稠，由原本的果泥状转变为浓厚的果酱状。

挤入少量柠檬汁，搅拌均匀，再继续煮1～2 min，随后即可出锅。

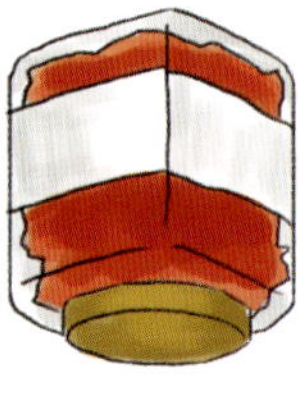

将做好的番茄酱趁热装瓶，拧紧瓶盖，将瓶子倒扣存放。

实践2 番茄表皮细胞观察

材料：番茄、显微镜、镊子、解剖刀、载玻片、盖玻片、吸管、吸水纸、纱布、清水、稀释的碘酒。

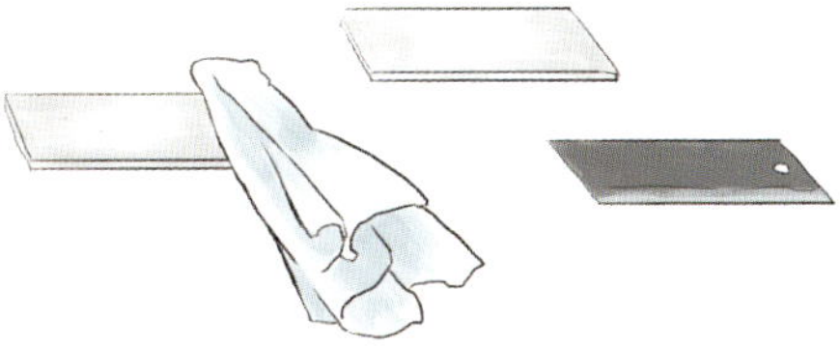

小心擦拭载玻片、盖玻片及解剖刀。

使用滴管取适量清水滴在载玻片上。

细致切取番茄的表皮（或果肉等部分），注意番茄的纵切面包含果皮、果肉和脉络。

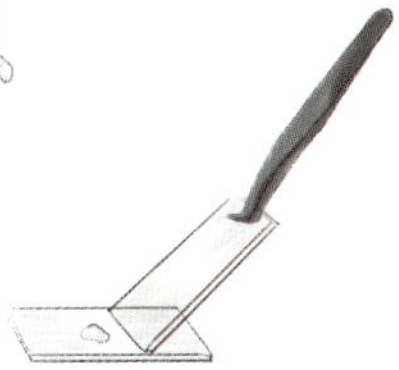

轻轻地将盖玻片盖上。在条件允许的情况下，建议使用软式镊子夹取盖玻片。

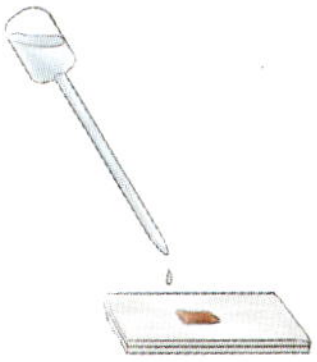

用滴管吸取适量碘酒，对细胞进行染色。

在显微镜下观察，番茄的果肉细胞近似球形，包含细胞膜、细胞核、细胞壁、细胞质和液泡等结构。

实践3　不会变红的番茄

材料：一株正在生长的番茄、碗、60℃的热水。

碗中倒入热水备用。

在一株正在生长的番茄植株上，挑选一个仍是青色的番茄，随后将备好的热水端来，把这个青番茄在60℃热水中浸泡2～3 min。

经过一段时间后，其他番茄都相继变红了，只有浸泡过热水的番茄仍然保持青色。

番茄中含有一种酶，这种酶作为一种催化剂，能够催化产生乙烯，从而促进番茄的成熟。当我们用热水浸泡番茄后，果实中的酶会遭到破坏，使其无法产生乙烯。由于失去了乙烯的催熟作用，番茄也就无法变红。

西　瓜

提及西瓜，谁的心头不是涌现出一片清凉？那鲜甜多汁的口感令人难以忘怀。但你可知，这看似简单的果实，背后却隐藏着一段不平凡的生长历程。今天，就让我们一起走进西瓜的世界，探寻它从种子到成熟果实的奇妙旅程。

西瓜的起源及历史

为什么是西瓜而不是东南北瓜?

4000多年前，埃及人开始种植西瓜。随后，西瓜逐渐传播至北欧、中东、印度，并最终经由西域传入中国。

明代科学家徐光启在其著作《农政全书》中记载："西瓜，种出西域，故名。"人们认为这是一种从西域传来的瓜，西域来自西边，因此取名为"西瓜"。西瓜在中国推广种植的时间，至今还不到900年，也就是说，在很长一段时间里，中国的古人是没有西瓜吃的。

西瓜的历史趣事

据传，嘉靖皇帝极为喜爱北京大兴的西瓜，为此特命人专门为他开辟了一处小瓜园。由于他生性多疑，总是担心有人加害于他，因此每当西瓜花落定果后，他便派遣亲信太监在瓜园中严密看守，直到采摘后亲自送到宫里供他食用。而其他瓜园所进献的"贡瓜"他一概不吃，担心有人下毒，转而将"贡瓜"赏赐给众臣，以表皇恩。

西瓜的定义

【中 文 名】西瓜
【学　　名】*Citrullus lanatus*
【英 文 名】watermelon
【分　　类】葫芦科西瓜属
【别　　名】寒瓜、夏瓜

你为什么喜欢吃西瓜呢?

我长得近乎球形或椭圆形，肉质饱满，多汁，我的外皮很光滑哦～我喜欢肥料给我带来的营养，我也喜欢光，平时爱晒太阳，没有光的话会影响我的生长。

西瓜的分布及种类

你知道西瓜的颜色有几种吗？

西瓜果肉的颜色有白色、淡黄色、亮黄色、粉红色、橙红色以及大红色，总计6种。西瓜的果肉颜色是由多个基因控制的。

西瓜在我国的种植分布较为广泛，最具代表性的品种有黑美人、硒砂瓜、南汇8424、彩虹西瓜、麒麟西瓜、早春红玉、特小凤、京欣、甘美等，这些品种各具特色。

如何挑选西瓜？

拍打时听到“嘭嘭”的清脆声音

瓜藤卷曲而新鲜

纹路分布清晰

瓜脐小

比一比，哪个品种的西瓜风味最为浓郁，哪个品种的西瓜甜感最为出色。风味值越高，表明水果本味更浓郁，果味更充分；甜度值越高，则表明适口度更好，甜酸比更高。

西瓜的结构

你知道为什么西瓜中间是最甜的吗？

原来，西瓜中间甜与西瓜的内部结构有关。我们吃的西瓜果肉主要由内果皮和胎座组成，其中，胎座是西瓜的中心部位，而内果皮则是紧贴着瓜皮的部分。

西瓜在发育过程中，种子是吸引糖分的机器，而胎座负责将糖分运输到西瓜内部。由于胎座位于西瓜的正中央，因此它附近的糖分自然是最多的。

西瓜的价值及作用

你知道西瓜除了可以直接吃，还能怎么食用吗?

西瓜不仅可以直接食用，它的一身都是宝。《本草纲目》中曾记载，西瓜“性寒，味甘；清热解暑、利小便”。西瓜中含有大量的水分，可帮助我们清热解暑。西瓜皮可以用于烹饪、炒、炖或者包饺子，而腌西瓜皮在俄罗斯非常流行；西瓜籽则富含脂肪和蛋白质，可以作为小吃或者用来榨油。

西瓜虽然是夏日瓜果的首选，但也要合理摄入。患有慢性肠炎、胃炎及十二指肠溃疡等虚冷体质的人均不宜多吃；即便是身体健康的人，也不可一次性吃太多或长期大量食用。因为西瓜水分多，过量摄入会在胃里冲淡胃液，引起消化不良或腹泻。

西瓜的生长过程

西瓜发芽期　从西瓜播种至长出第1片真叶为止，大约需要10天。发芽的最适温度是28～30℃，若温度低于25℃或高于35℃，发芽率会大大降低。

西瓜幼苗期　从西瓜长出第1片真叶至第6片真叶完全展开为止，大约需要30天。在此阶段，西瓜的节间距会缩短并呈现直立状态，叶片分化速度较快，但叶片面积相对较小。

西瓜伸蔓期　从团棵至留瓜的第1朵雌花开放为止，大约需要18天。这是西瓜生产过程中最重要的营养生长阶段，伸蔓期以长蔓、长叶为主，节间迅速伸长，叶片面积快速增大，茎蔓从直立状逐渐变为匍匐状。

西瓜坐果期　从留瓜节的雌花开放到果实开始旺盛生长为止，通常需要10～15天。在此期间，光合产物开始向果实输入。栽培上主要调节营养生长和果实发育的平衡，以确保顺利坐瓜。

西瓜成熟期　从果实迅速生长到果实大小基本稳定为止，通常需要10～20天。在这个时期，果实生长量大，养分吸收最多，是形成产量的关键时期。栽培上应给予充足的肥料和水分，以促进果实的迅速生长。

无籽西瓜的育种技术

你知道无籽西瓜的"籽"去哪儿了吗?

在炎炎夏日，最令人快乐的事情莫过于品尝一口脆甜可口的西瓜。然而，也有"甜蜜的烦恼"，人们在享受西瓜清凉甜蜜的同时，不得不吐出西瓜籽。为了让"吃瓜群众"吃西瓜不吐西瓜籽，西瓜育种家们又坐不住了，他们想方设法让西瓜籽消失。

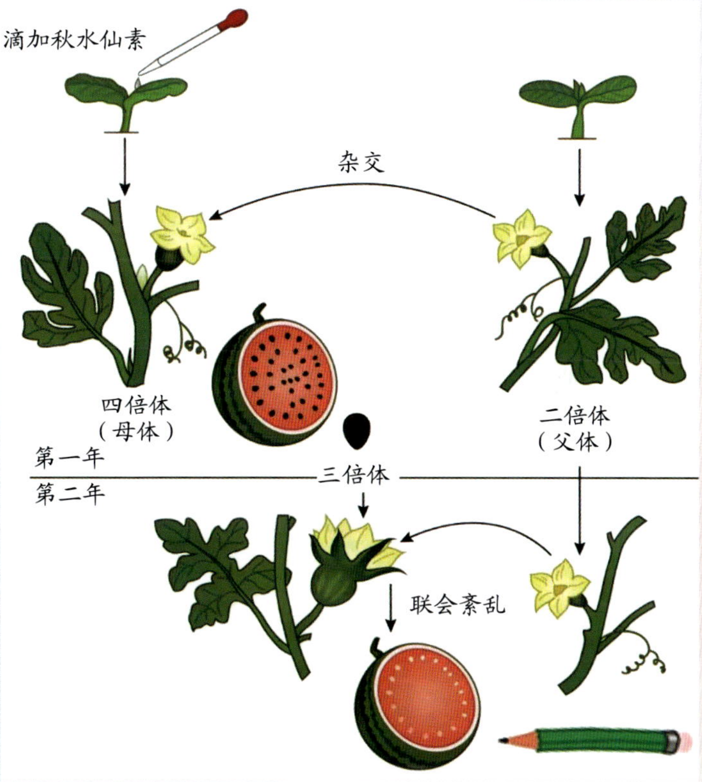

无籽西瓜是通过四倍体西瓜与二倍体西瓜杂交而得到的不育三倍体。

无籽西瓜的细胞染色体组成与普通二倍体西瓜不同，因而具有不同于普通二倍体西瓜的特征和特性。在栽培管理上，有些措施与普通二倍体西瓜相同，有些则不同，因此必须根据无籽西瓜的特性进行栽培管理。

流言！假的！

西瓜太甜是因为打了甜味剂吗？

答：假的！西瓜越来越甜其实是育种技术和栽培技术共同作用的结果。此外，科学的栽培技术也对西瓜的口感有较大的影响。研究发现，昼夜温差大、成熟期土壤水分适中以及适期采收都会增加西瓜的甜度。当然，在农业生产过程中，确实会使用一些提高产量和含糖量的果蔬品质改良技术，比如对西瓜植株叶面喷洒适量的叶面肥，但是这对西瓜的食用安全并不产生任何影响。

吃了无籽西瓜会对身体有影响吗？

答：无籽西瓜是人工培育出来的品种，它很安全，完全可以放心吃。无籽西瓜是通过普通的二倍体西瓜与四倍体西瓜杂交得到的三倍体西瓜。由于三倍体西瓜没有繁殖能力，因此不能产生种子，也就没有籽。这种无籽西瓜只是没有能力正常繁殖下一代，并不会产生有毒有害物质。因此，这类无籽西瓜完全可以放心食用。

西瓜的种植日记

准备材料

西瓜种子、直径约50 cm的花盆、适量的土壤、支架。

种植须知

1. 西瓜喜光，必须满足其对光照的需求。平时多晒太阳，如果光照不足，会影响其开花和坐果。

2. 西瓜喜肥，生长期间会消耗大量的养分。为了促进其生长，应及时进行追肥，主要施加含有氮、磷、钾元素的肥料，以确保养分充足且全面。

3. 西瓜具有一定的耐旱能力，但惧怕水涝。因此，浇水不需太勤，盆土干燥后再浇，控制好水量，严禁出现积水情况。

种植步骤

准备盆土

阳台上种植西瓜要准备松软、透气、肥沃的砂质壤土，花盆要选稍微大些的，且底部带有排水孔。

催芽处理

先将西瓜种子放在水中浸泡，使种子吸足水分，并放在温暖的环境下催芽，露白后再播种。

播种入土

将西瓜种子均匀地撒在土壤中，覆盖薄土，适量浇水保湿，很快就可出苗。

树立支架

在西瓜生长旺盛阶段，会出现爬藤现象。此时，最好在土壤中立一个支架，以帮助藤条生长，避免藤条杂乱无章，也有利于西瓜开花结果。可取3根支杆交错搭建，以提高其稳定性。

修剪藤条

西瓜苗在后期若藤条过长也会影响结果，可以对其进行修剪，只保留3条左右生长旺盛的藤条，将多余的藤条剪掉，以减少养分的消耗，使植株吸收足够的养分促进花芽的形成，结出的果实也会更加甘甜硕大。

采摘品尝

西瓜从结果到成熟需要30～40天，在八九成熟时，就可以采摘品尝了。

实践1　西瓜皮制糖

材料：西瓜皮、白砂糖、空盒子。

把西瓜的外皮削去。

切成长条。

撒入白砂糖。

拌匀，密封存入冰箱，腌制一晚。

从冰箱中取出腌制好的西瓜皮。

西瓜皮连水倒入平底锅，开大火煮开，再转成小火。

一直熬至起大泡泡。

这时需用锅铲上下翻拌，熬至糖水收至黏稠状，关火。

成品，装瓶。

实践2　制作西瓜霜

材料：约8 kg的西瓜1个、芒硝1 kg、牙签若干。

准备1个约8 kg的西瓜和1 kg的芒硝。将西瓜洗净后用毛巾擦干。

在西瓜的头部瓜蒂处切开一小块。

挖出西瓜里的肉瓤，挖干净，汁水可留在里面。

倒入芒硝，确保占据西瓜内部约2/3的空间。不够的话可以适量添加芒硝或西瓜汁。

盖上盖子，并用牙签插紧密封。

将西瓜放在阴凉通风处，待10天后，西瓜的表面就会析出白霜，用刷子刷下，这就是西瓜霜。

实践3　制作风味西瓜籽

材料：西瓜籽1 kg、盐60 g、糖精0.2 g。

取西瓜籽1 kg，用水清洗干净。

沥干后，放入炒锅中炒热。

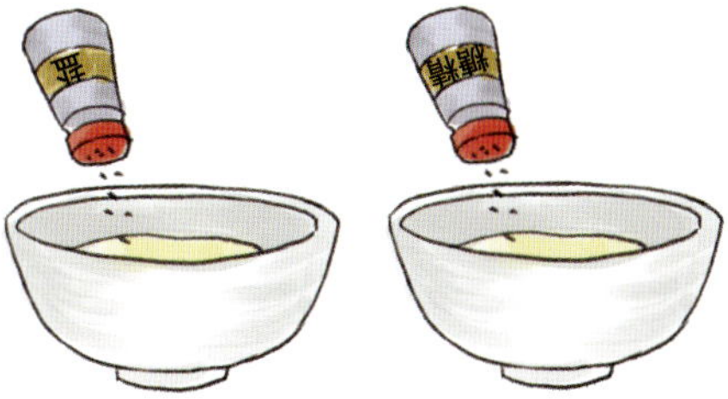

取盐60 g、糖精0.2 g，先将盐用水溶解，加水量以盐能完全溶解为度，再把糖精溶于盐水中。

把盐、糖精液倒入锅中，用文火炒熟至干燥，也可用烤炉烤制。

辣 椒

数千年前，辣椒就已在世界范围内广泛分布，我们日常中经常吃到不同辣度的辣椒，那么它们都有哪些种类呢？现在，我们就来一探究竟吧！

辣椒的起源及历史

辣椒出生在哪里?

辣椒原产于美洲，拥有悠久的栽培历史，是源自美洲大陆的古老作物。考古证据表明，人类至少在6100年前就开始种植并食用辣椒了。

15世纪末，哥伦布在4次横跨大西洋的航行中发现了美洲新大陆，并在那里发现了辣椒。他起初以为这是红色的胡椒，随后将其带回了欧洲。此后，西班牙人通过美洲贸易将辣椒广泛传播到欧洲。

16世纪，葡萄牙和西班牙的探险家通过南美洲的贸易路线，将辣椒引入亚洲。

16世纪下半叶，辣椒传入中国。在辣椒进入中国之初，由于人们对辣椒的使用信息缺失，辣椒被长期作为观赏植物进行栽培，直到康熙年间才开始逐渐融入中国的饮食文化。

哪个国家的辣椒最多?

墨西哥被称为“天下第一辣国”，是辣椒的发源地，全球约一半的辣椒都生长在墨西哥境内。这里的辣椒颜色丰富，红的、黄的、青的、绿的应有尽有；种类多样，有超过100种辣椒；烹饪方法亦多不胜数，如用于腌肉、煲汤、烧烤、沙拉、糖果、饮品等，简直是无所不辣。

辣椒的定义

【中 文 名】辣椒

【学　　名】*Capsicum annuum*

【英 文 名】chili、pepper

【分　　类】茄科辣椒属

【别　　名】甜辣椒、大椒、菜椒、小米辣

我有40～80 cm高，未成熟时为绿色，成熟后则变为红色、橙色或紫红色等，味辣。维生素C含量丰富。

我之所以吃起来辣，是因为其中的辣椒素。

哪种辣椒最辣？

产于印度的断魂椒，辣度约为104万SHU（斯科维尔，衡量辣椒素含量的一个指标）。

美国的卡罗来纳死神辣椒的辣度约为220万SHU。

英国的龙息辣椒曾一度被公认为是最辣的辣椒，其辣度约为248万SHU。

而辣椒X是在“卡罗来纳死神”的基础上，与一种神秘品种杂交而成的，这些高辣度的辣椒品种多是杂交培育而成，平均辣度达到了269万SHU。

辣椒的分布及种类

你认识多少种辣椒呢？辣椒，这个能点燃你味蕾的小食材，你可知道常见的辣椒和它们的辣度有何不同？

名称：二荆条
辣度：
颜色：暗红
特征：较长、较粗，皮皱，味道柔和，味香

名称：美人椒
辣度：
颜色：绿色、红色
特征：回味略带甜味，果皮肉质厚实，籽粒少，红色素含量极高

名称：杭椒
辣度：
颜色：青熟果淡绿色，老熟果红色
特征：椒果呈羊角形，果面略皱，果顶渐尖，稍弯

名称：尖椒
辣度：
颜色：浅绿色
特征：尖尖的，下端是一个明显的尖儿，身形细长

名称：螺丝椒
辣度：
颜色：嫩绿、深绿
特征：杂交辣椒，呈螺丝状，果形细长、多皱褶、弯曲

名称：灯笼椒
辣度：
颜色：绿色、红色、黄色、白色
特征：呈灯笼状，果实较大，表面光滑，略带甜味

名称：朝天椒
辣度：
颜色：未成熟时绿色，成熟后深红色或红色
特征：果梗和果实直立，果实较小

主产区	省（自治区、直辖市）	主要品种
南方	四川、重庆、贵州、云南、湖南、江西、福建等	朝天椒、羊角椒等
北方保护地	山东、河北、辽宁等	黄皮椒、甜椒等
北方露地	河南、河北、甘肃、新疆、陕西、内蒙古等	螺丝椒、尖椒等

【分布】我国辣椒种植分布在全国各地，华北、西北是我国辣椒的优势产区，华南是冬季优势产区。

辣椒的结构

你知道辣椒的构造吗?

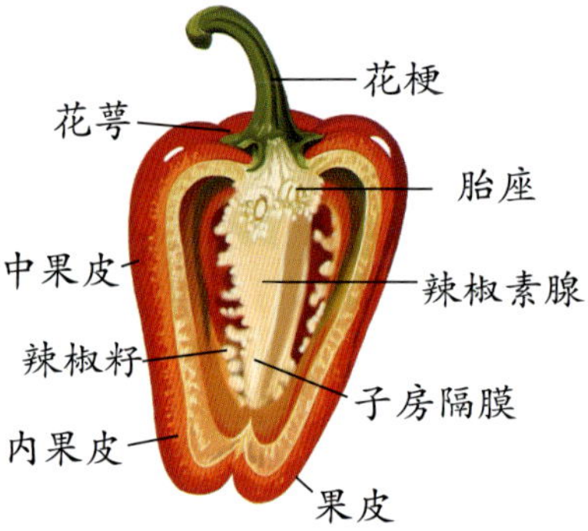

辣椒能带来“痛并快乐”的感觉

辣椒中含有辣椒素(辣椒的活性成分，对哺乳动物包括人类具有刺激性，可在口腔中产生灼烧感)，带来的痛感会促使大脑分泌内啡肽，产生欣快感。同时它还会促进唾液分泌和肠道蠕动，扮演增味剂的角色，让一些原本口感平淡的食物变得更加可口。

辣椒的生长过程

【种植时间】北方：春4—5月，秋7月中旬；南方：春3—4月，秋8—9月

【适温条件】20～30℃

【生长周期】90～120天

3月育苗播种，4—5月移苗定植，6—10月收获。

→

发芽期

种子在土壤里，当温度达到22℃时，种子长出根系，开始发芽。

→

幼苗期

幼芽逐渐露出土壤表面，并逐渐长出叶子，进行光合作用，吸取养分。

→

开花期

花芽分化，花蕾逐渐开花，并进行授粉。

→

结果期

花蕾逐渐发育成熟，变成小型的绿色果实。

→

成熟期

果实逐渐成熟，并逐渐变红。

→

辣椒的种植日记

准备材料

辣椒种子、直径约50 cm的花盆、适量的土壤。

种植须知

在开始前，我们先了解一下辣椒的生长习性：辣椒需要充足的光照，需要疏松的土壤（pH值为6.2～7.2），需要良好的排水和透气性。

种植步骤

催芽

先对种子进行消毒，并将种子放置在不超过50℃的水中进行催芽（浸种）。

选择优质的辣椒种子至关重要，优质的种子可以保证植物的生长质量和产量。

种子浸泡12 h后，沥干表面水分，用湿布包裹并保持湿润，直到种子冒出白芽再进行播种。

松土

选取土层深厚、排水好、透气好的花盆和营养土壤。在播种前，先进行松土，使土壤松软、细碎。

辣椒属于浅根系作物，根系不发达，既不耐旱也不耐涝，因此在肥水管理上要格外注意。

播种

把种子均匀撒播在土壤表面，然后淋水，使种子嵌入泥缝中。对于盆栽种植，可以使用大一些、深一些的花盆，并在盆底添加适量的有机肥。

科学浇水也是种植辣椒的关键环节。辣椒喜欢湿润的环境，需要定期浇水以保持土壤湿润。在夏季天气炎热时，尤其需要保持水分充足。

科学管理

定期管理和修剪，在辣椒生长过程中，需要定期进行除草、施肥和浇水等管理工作，同时确保植株能够获得充足的阳光，以保障其健康生长。此外，还需要及时修剪枝条和调整植株形态，以促进果实的生长和产量的提高。

采摘与保存

辣椒的成熟时间受品种、种植时间等因素影响。通常，辣椒从播种到成熟需要90～120天。辣椒成熟后便可进行采摘。采摘后，要将辣椒冷藏或晒干，以保持新鲜度和口感。

下种施肥　　发芽　　修剪　　结果　　收获

辣椒颜色的奥秘

为什么辣椒会有绿、红、黄3种颜色呢？或许你一直以为只有绿色的辣椒是青椒，但实际上，绿、红、黄3种颜色的辣椒都来自同一种植物，只是在不同的生长阶段或环境下形成了不同的颜色。

辣椒的颜色是由不同色素的含量和比例所决定的。叶绿素丰富呈绿色，辣椒红素丰富呈红色，类胡萝卜素丰富呈黄色。

绿辣椒： 当辣椒生长出来时，叶绿素最先形成，因此辣椒呈现绿色。但随着成熟，叶绿素逐渐被其他色素所替代，从而形成了绿、红、黄3种颜色。

红辣椒： 辣椒成熟后，叶绿素容易分解，远没有辣椒红素稳定，所以时间一长，叶绿素渐渐分解，只剩辣椒红素，绿辣椒就变成了红辣椒。

黄辣椒： 黄色辣椒也是在辣椒成熟阶段产生的，与红辣椒相似，黄色辣椒中辣椒红素含量较少，而类胡萝卜素等黄色素含量较高。

实践1 辣椒的小秘密

辣椒全身都辣吗？我们来探秘一下！

材料：手套、小刀、钳子、盆子、饮用水、2个相同品种的辣椒。

1. 清洗双手，尝一尝其中1个辣椒。
2. 戴上卫生手套。
3. 用小刀将另1个辣椒对半切开。
4. 将辣椒泡入饮用水中，用工具去除辣椒籽。
5. 再仔细尝一尝辣椒。

辣味藏在辣椒籽的“白色小床”（胎座）和沾满辣味的辣椒籽上。想让辣椒变温柔？试试三步魔法：①戴上手套用小刀切开辣椒；②挖掉辣椒籽和白色小床；③给辣椒肉泡冷水澡15 min，辣味小精灵就会游走啦。被辣到别慌张，牛奶里的“蛋白捕手”能抓住调皮的小精灵哦！悄悄告诉你：洗干净的辣椒籽还能种出小辣椒，快来试试吧！

实践2　辣椒酱的制作

来看看我们的常规做法

一、制作辣椒酱

材料：小米椒300 g、蒜120 g、姜50 g、盐、白砂糖、白酒、密封瓶。

制作步骤

用料理机打碎沥干水分的辣椒、蒜和姜，装入密封瓶中。

加入盐15 g、白砂糖10 g、白酒10 g等调料，并搅拌均匀。

用保鲜膜密封好，放置阴凉处1周后便可开启食用。

二、制作泡椒

材料：适量的小米椒和灯笼椒、蒜、盐、白砂糖、凉白开、白醋、白酒、密封瓶。

制作步骤

将辣椒洗净、去蒂，太阳下晒干水分，其间翻动一下。

将晒干的辣椒、几颗蒜放入密封瓶中，依次加入20 g盐、20 g白砂糖、200 mL凉白开、250 mL白酒、200 mL白醋，没过辣椒。

用保鲜膜密封好放置阴凉处1个月后便可开启食用。

实践3　这样煮更好吃

跟我一起做个辣椒菜吧！

制作辣子鸡丁

制作步骤

食材用料

1. 将鸡肉切丁，加入姜、1勺料酒、1勺生抽、1勺老抽、1勺蚝油、1勺淀粉、少许盐和胡椒粉，然后抓匀腌制半小时。
2. 热油下鸡肉丁，炸至金黄后捞出，可盖锅盖防止油溅出，全程7～8 min。
3. 油温升高后，再炸一遍，颜色更深之后捞出。
4. 留下底油，下蒜末、花椒、干辣椒炒香，倒入鸡肉丁。
5. 翻炒均匀后，加2勺白芝麻、一点葱末，翻炒香即可。

苦 瓜

在五彩斑斓的植物世界中，苦瓜以其独特的苦味和丰富的营养，成为备受瞩目的植物。作为一种传统的药食同源植物，苦瓜不仅在餐桌上占有一席之地，更在药用领域展现了非凡的价值。现在，就让我们一起走进苦瓜的世界，探寻它背后的奥秘。

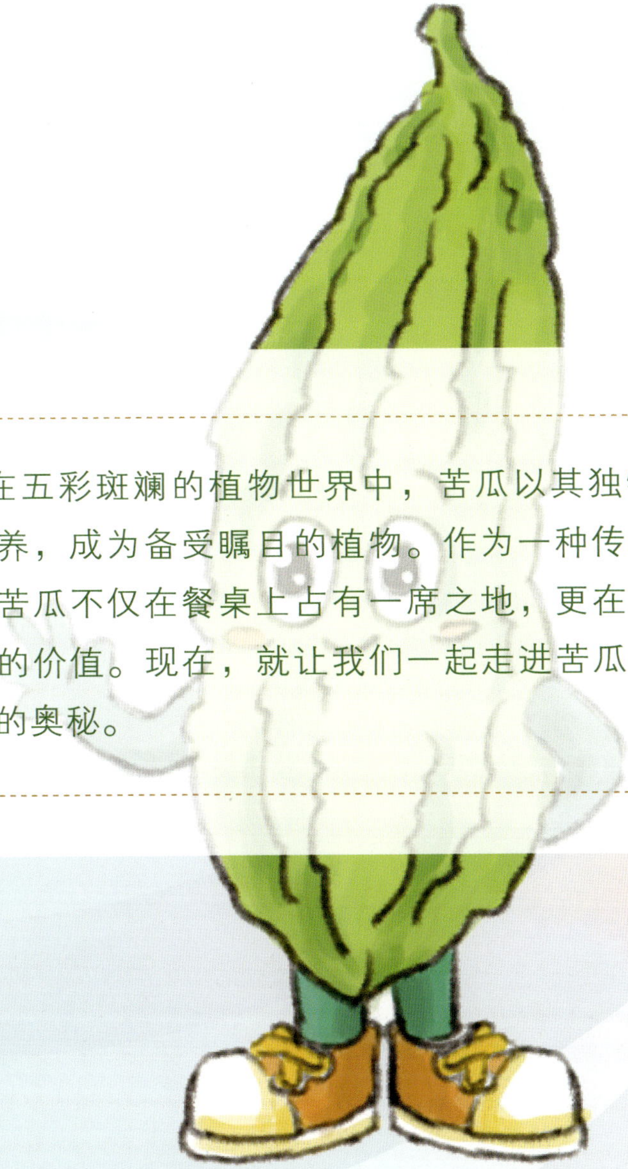

苦瓜的起源及种类

苦瓜出生在哪里?

苦瓜原产于亚洲热带地区，宋元时期传入中国，如今已遍布全国各地。我国苦瓜最早记载于明代的《滇南本草》和《本草纲目》等书籍。

按瓜皮颜色分：绿色（浅绿色、绿色、墨绿色）、绿白色、白色。

按果形分：长棒形、纺锤形、圆锥形、近球形。

按果实大小分：大型苦瓜、小型苦瓜。

按果实瘤的类型分：条形瘤、粒瘤、条粒瘤相间、刺瘤。

市场上我们常见的苦瓜有以下几个品种，我们一起来认识它们吧。

特征	滑身苦瓜	大顶苦瓜	珍珠苦瓜
苦味	微苦	微苦	较苦
外皮颜色	绿色/浅绿色	绿色/绿白色	浅绿色/白色
表面特征	条瘤/条粒瘤	条粒瘤相间/粒瘤	条粒瘤相间/刺瘤
形状	长棒形	圆锥形	长棒形、纺锤形

苦瓜的定义及结构

【中 文 名】苦瓜

【学　　名】*Momordica charantia*

【英 文 名】balsam pear

【分　　类】葫芦科苦瓜属

【别　　名】癞葡萄、凉瓜、锦荔枝、癞瓜

苦瓜的结构

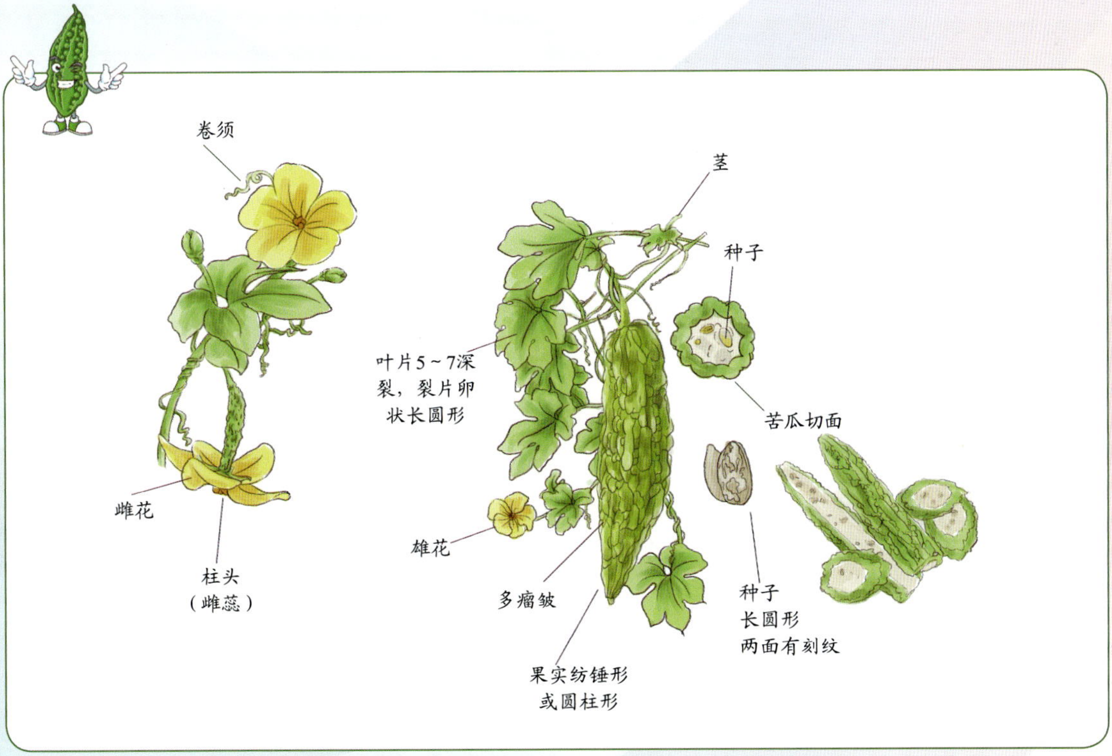

苦瓜的营养及食用价值

苦瓜中主要富含多糖、多肽、皂苷、黄酮、酚类等物质，具有抗氧化、抗肿瘤、抗菌消炎和免疫保护等多种药理作用。其中，皂苷是苦瓜的主要活性成分之一，具有降血糖、抗癌等药用价值。

苦瓜营养成分（每100 g可食部分）

22 kcal 能量

1 g 蛋白质

0.1 g 脂肪

4.9 g 碳水化合物

0.03 mg 硫胺素

0.4 mg 烟酸

0.03 mg 核黄素

钠 2.5 mg	钾 256 mg	镁 18mg
铁 0.7 mg	锌 0.36 mg	钙 14mg
磷 35 mg	硒 0.36 μg	铜 0.06mg
锰 0.16 mg		

1. 解乏消暑。苦瓜中含有生物碱类物质奎宁，具有利尿活血、消炎退热的功效，《滇南本草》记载："苦瓜除邪热，解劳乏，清心明目。"

2. 健脾开胃。苦瓜苷和苦味素能增进食欲，健脾开胃，苦瓜的微苦味能刺激胃液大量分泌，有利于消化，是一种很好的开胃菜。

3. 辅助治疗糖尿病。苦瓜的新鲜汁液中含有一种类胰岛素，有降低血糖的作用，因此苦瓜能够辅助治疗糖尿病。

4. 增强免疫力。苦瓜中含有的活性蛋白质可以增强免疫细胞的活性，清除身体内的有害物质，增强人体的免疫力。

苦瓜的生长过程

【种植时间】

北方：春季3—5月，秋季7—8月

南方：春季2—4月，秋季7—8月

【适温条件】20～35℃

【生长周期】80～100天

发芽期

发芽期从种子萌动至子叶展开为止，适宜条件下需5～7天。该时期主要完成种子本身的营养转化、胚根萌发和出土等一系列复杂过程，需要适宜的温度、土壤湿度和氧气。

幼苗期

幼苗期从第1对真叶出现至第5片真叶展开、开始抽出卷须为止，在20～25℃的适宜温度下需25天左右。此期生长缓慢，节间短，茎直立，叶片小，绝对生长量较小，但花芽和新叶分化较多。

抽蔓期

抽蔓期从幼苗开始发生卷须到植株雌花开始现蕾需7～10天。如条件适宜，现蕾早，抽蔓期较短。此期茎由直立生长转向蔓性生长，植株由营养生长为主转向生殖生长和营养生长并举。

开花结果期

开花结果期从植株现蕾至生长结束，此期的长短与栽培水平和栽培条件有关，露地栽培一般为50～70天，在保护地中栽培可达150天以上。此期生长量大，营养生长与生殖生长同时进行，生产上应以平衡秧果关系为中心。

苦瓜的种植日记

准备材料

苦瓜种子、直径约50 cm的花盆、3根支杆、适量的土壤。

种植须知

1. 苦瓜喜欢光照，不耐阴。

2. 苦瓜喜温、耐热、不耐寒，生长适温为20～30℃，10℃以下生长不良，遇霜容易死亡，开花结果期能忍受30℃以上的高温。

3. 春、秋两季栽培为佳，采收周期约为1个月。

种植步骤

播种

先用50～55℃温水浸种约15 min，再用30℃温水浸种10～12 h，其间换水1～2次，捞出洗净后置于30℃左右催芽。

可用钳子将种子捏裂，但不可弄碎，种子露白后进行播种。

一般用点播法，每穴播2粒种子，覆土1～2 cm，浇透水，可覆膜保温。30～33℃时2～3天发芽。

选幼苗

幼苗生长较慢，经过2～3周出现3～4片真叶时，可挑选叶片完整、没有受损痕迹的植株，然后移株定植。

移株

将土放入大花盆中，挖一个洞，用手按住苗底，从小罐里取出，注意不要使根部土块碎裂，放入洞中，轻压。

浇水

每天早上浇1次水，要将土壤浇透。

支架

植株生长后，选择3根支杆，等间隔插入，在上部捆绑。用麻绳将蔓与支杆捆绑，要适当宽松，可缠“8”字形，使主蔓向上生长。

摘心

当主藤超过支架高度时，摘除顶端的嫩芽，以促进腋芽生长。

采收

当瓜皮上的瘤状物突出膨大，颜色还未发白发亮时就可采收，此时盆栽苦瓜可长到18～20 cm。注意，最先结出的果实要尽早收获，以免增加植株负担，影响后续结果。

踏上苦味探秘之旅

“苦瓜”的两个“苦”故事

1. 苦瓜的苦味一般是由两种物质引起的。一种是瓜类植物所特有的苦味素，主要以糖苷的形式存在于瓜中；另一种物质叫野黄瓜汁酶。如果这两种物质同时存在，瓜就会出现苦味。西瓜、南瓜虽然也是瓜类，但没有丝毫的苦味，正是因为它们只含有苦味素，而几乎没有野黄瓜汁酶。苦瓜体内同时含有这两种物质，所以才会产生苦味。

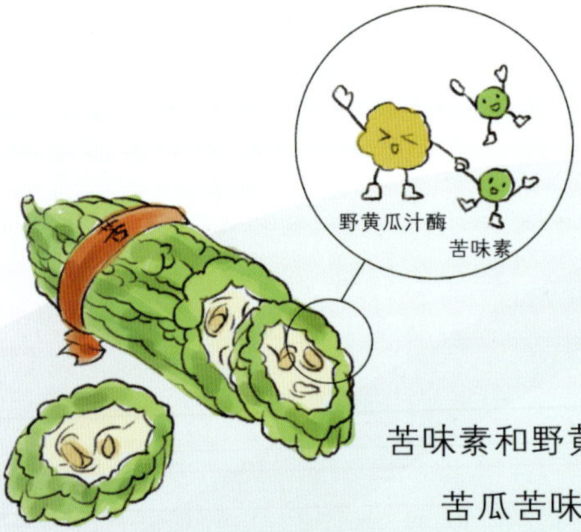

苦味素和野黄瓜汁酶是苦瓜苦味的来源

2. 自我保护的故事。当苦瓜在大自然中生长时，苦味就像它的一道自我保护盾。在野外，苦瓜要面对各种害虫和食草动物的侵害。幸运的是，苦瓜的苦味让这些小动物望而却步。这是苦瓜在自然竞争中的一种优势，让它们能够安心地成长和繁衍。

实践1 挑苦瓜

第一点，看品种

选择苦瓜时，可根据我们的口感喜好选择相应的品种。珍珠苦瓜的苦味较重，大顶苦瓜、滑身苦瓜的苦味较轻。

珍珠苦瓜　大顶苦瓜　滑身苦瓜

第二点，看外观

选择苦瓜时，我们可以观察其颜色和果瘤。一般果瘤颗粒越大且越饱满，说明苦瓜的果肉就越厚实，这样的苦瓜长得比较好，吃起来口感也相对更佳。在挑选苦瓜时，应尽量选择颜色青亮的，避免选择那些发黄的。

实践2 苦瓜炒蛋

材料：苦瓜、鸡蛋2个、大蒜2瓣、盐、生抽、食用油。

制作步骤

1. 处理苦瓜：将苦瓜洗净，对半切开，用勺子挖出苦瓜瓤和籽，然后切成薄片，放入碗中，加入少许盐，腌制15 min，以去除部分苦味。
2. 准备蛋液：将鸡蛋打入碗中，加入少许盐，搅拌均匀。
3. 炒制：热锅凉油，放入蒜末煸炒出香味，再放入腌制好的苦瓜，翻炒至苦瓜断生，然后倒入蛋液，用铲子快速搅拌，使蛋液均匀地包裹在苦瓜上。待蛋液凝固后，翻炒均匀，加入少许生抽调味即可出锅。

实践3　红枣酿苦瓜

酿菜是在一种原料中夹进、塞进、涂上或包进另一种或几种其他原料，然后加热成菜的方法。

酿菜的制作方法起源于客家饮食文化。当从中原迁徙至南方的客家人，因怀念家乡美食，或是制作节日食品时，面对迁移的当地没有包饺子所需的面粉，只好就地取材，利用不同的原料和蔬菜来替代饺子皮包裹馅料。由于是就地取材，有什么就用什么，这种没有太多选择余地的做法，反而促进了酿菜的多样化，酿豆腐、辣椒、茄子、苦瓜、腐竹、鸡蛋、芋头、青蒜……形成了“无菜不能酿”的客家酿菜饮食文化特色。

材料：苦瓜、红枣。

制作步骤

1. 苦瓜去瓤，用勺柄沿瓤的边缘转一圈，完整地将其挖出来。
2. 锅内倒入清水，加入半小勺盐，水沸后放入苦瓜，开盖煮2 min，然后放入冷水中过一下。
3. 红枣从一边切开，把核挖出。
4. 将切开的红枣卷起来，放入苦瓜中空的部分。如果1个枣卷起来比较空，可以将2个红枣去核后卷在一起。
5. 成品。

桑　树

亲爱的小朋友，你知道桑树吗？它是一种神奇的植物，藏着好多好玩的秘密！桑叶是蚕宝宝的美食，桑葚酸酸甜甜，还能做果酱、酿酒呢！让我们一起探索桑树的奇妙故事吧！

桑树的起源及历史

我是小桑宝。今天，就一起来揭秘我的传奇故事吧！

《本草纲目》记载："桑，东方之神木也。"桑树是神圣的，从《诗经》到丝绸之路，农桑立国孕育了华夏文明，繁荣了中国经济，同时也孕育了闻名世界的"丝绸之路"，带动了对外贸易。

我国先民植桑、养蚕、抽丝、织绸的伟大创举，推动了我国各个历史时期的经济发展，并伴随着中华文明从远古走到现代，走向世界，为人类文明作出了巨大贡献。

甲骨文

小桑宝是从哪里穿越来的？

桑树原产于我国，是地地道道的中华原生物种，在我国有5000多年的栽培史。现已传播到日韩、欧洲、美洲等地，在东南亚也有栽培。

知识小贴士

在古代中国，农桑并称，桑树分布广泛，并且在中国男耕女织的生活模式中占有重要地位。人们对“桑”的栽培和利用，是中国农耕文明史上的大事。人们感慨时光的流逝时常用到“沧海桑田”这个成语，谈到故乡时常以“桑梓”代指，这充分说明，“桑”的存在，早已作为一种无意识表象，深深埋进了中国人心底。

千年古桑

桑树的定义

【中 文 名】桑树

【学　　名】*Morus alba*

【英 文 名】mulberry

【分　　类】桑科桑属

【别　　名】家桑、白桑

桑的生理特性：喜爱阳光，偏好温暖湿润的气候，具备较强的耐寒性和耐干旱瘠薄的能力，但畏惧积水。它对土壤的适应性强，在酸性土、中性土、钙质土和轻盐碱土上均能生长，而土层深厚、湿润肥沃的沙壤土最为适宜。桑树的根系发达，抽枝能力强，可有效防风固沙。

你们见过哪些不同的桑葚？

桑原产于我国中部，现广泛栽培于南北各地，尤以长江中下游地区为多，多生长于田间、地头、路边或山地。

我国是世界上桑种最多的国家，目前收集保存的桑树种质分属15个桑种和3个变种。

人工栽培种：鲁桑、白桑、粤桑、瑞穗桑。

野生桑种：长穗桑、长果桑、黑桑、华桑、细齿桑、蒙桑、山桑、川桑、唐鬼桑、滇桑、鸡桑等。

变种：鬼桑（蒙桑的变种）、大叶桑（白桑的变种）、垂枝桑（白桑的变种）。

桑树的结构

你知道桑树、桑叶的形态特征是什么吗？

桑树为落叶乔木或灌木，树干较高，树形直立挺拔，树体富含乳浆，树皮粗糙，有浅裂，呈黄褐色；嫩枝绿色，老枝青绿色或灰色，叶子较大，呈椭圆形，边缘有粗锯齿，叶面无毛，有光泽，叶背叶脉上有疏毛；花朵较小，成簇开放，淡黄色，花柱较短。果实即桑葚，多为红色和紫色。

桑树的花都是一串一串的，花单性，腋生，花瓣基本退化，桑葚属于“聚花果”。雄花为下垂的柔荑花序，每朵小花伸出4枚雄蕊，靠风媒传粉，开花后不久即凋落。雌花为穗状花序，为了最大限度接受花粉，柱头有茸毛或突起。

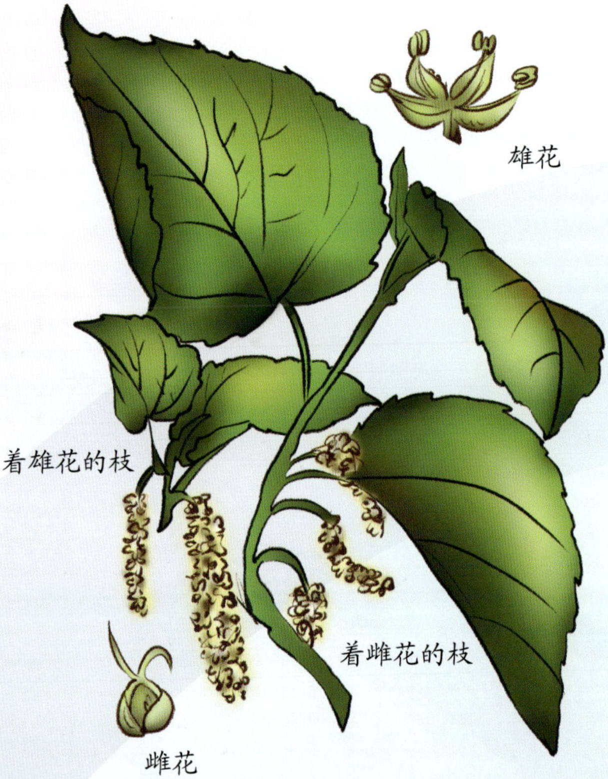

桑树的价值及作用

能养蚕，能造纸，能制作家具和乐器，能做美食和美酒，还能治病，我是个魔术师，可谓“十八般武艺，样样精通”。

桑叶：具有清肝泻肺、明目的药用价值；同时，也是蚕的主要食物来源，还可用于制作桑叶茗皮、桑叶粉等各类美食。

桑果：又名桑葚，含有19种氨基酸，除直接食用外，还可加工成桑葚果汁、桑葚酒等，具有提高免疫力、改善睡眠、抗氧化、降血糖等药用价值。

桑枝：可祛风湿、利关节，有抗菌等作用，常用于治疗风湿关节疼痛、四肢拘挛。桑条还可用来编筐。

桑黄：提取物能抑制尿酸，对痛风有良好效果，还能抗过敏，对过敏性鼻炎、久治不愈的湿疹疗效显著。

桑树木材坚硬，可用于制作家具、乐器，以及雕刻等。

桑树树皮纤维柔细，可作纺织原料、造纸原料等。

桑白皮（桑树根的皮）具有泻肺平喘、行水消肿的功效。

桑园里的一年是什么景象?

早春，当气温上升到12℃以上时，冬芽开始萌发。

随着气温的升高，新梢生长加速，进入旺盛生长期。

3—4月，南方地区桑树开始开花，北方稍晚。

4—5月，南方地区桑树开始结果，北方稍晚。

中秋以后，气温逐渐下降，桑树转入缓慢生长期，温度降到12℃以下时，桑树停止生长，随后落叶进入休眠状态。

休眠期间，应做好苗木出圃、桑苗定植、整枝及管理工作。

桑园里的一年

从春季发芽到冬季落叶为生长期，落叶后到第2年发芽前为休眠期。南方地区生长期长达9～10个月，而北方则只有4～5个月。

知识小贴士

“又是一年桑葚红，不见当年采桑童”。

桑葚好吃，但小朋友们一定要小心不要把桑葚汁染到衣服上。

被联合国教科文组织赞誉的桑基鱼塘是什么样的?

桑基鱼塘

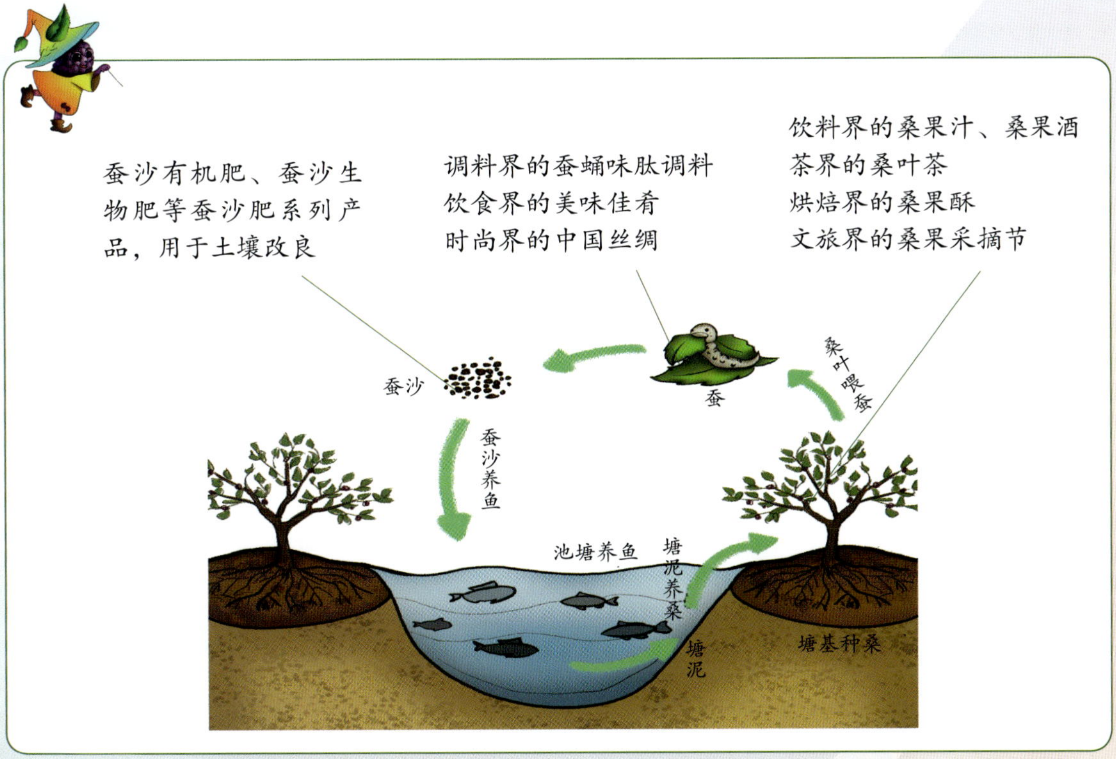

传统的桑基鱼塘：塘基种桑、桑叶喂蚕、蚕沙养鱼、鱼粪肥塘、塘泥壅桑。

现代版的桑基鱼塘：一树桑叶能做出一桌子的菜，一瓶桑果汁能带动一个产业的发展。随着“东桑西移”“一带一路”的不断推进，蚕桑产业模式已从单一的种桑养蚕转变为综合利用，种植、采摘、食品开发、饲料和休闲旅游等多元化产业链发展迅速。

实践1　制作桑葚汁、桑葚酱

材料：桑葚1盒、白砂糖、柠檬汁、蜂蜜。

一、制作桑葚汁

果汁饮品是夏季人们不可缺少的，下面让我们一起来看看如何制作美味的桑葚汁吧！

1. 把桑葚清洗干净，加入白砂糖腌制10 min。将腌制好的桑葚放入锅中，加入清水没过桑葚。

2. 大火煮开后转小火煮15 min。关火后，用勺子按压使桑葚软烂出汁。

3. 加入柠檬汁和蜂蜜。第一次滤出汤汁后加入2片柠檬片静置10 min。

4. 再次过滤，滤出桑葚籽。

5. 漂亮醇香的桑葚汁就做好啦！冰镇一下，味道更好。

二、制作桑葚酱

1. 将桑葚洗净，沥干水分（或从冰箱中取出完全解冻）。

2. 剪去桑葚的梗。

3. 将桑葚放入搪瓷锅中，加入白砂糖和柠檬汁，轻轻拌匀后腌制约30 min。

4. 用小火加热至糖完全溶化，煮出汁水。

5. 转中火继续烧开，保持沸腾状态煮15 min，其间需不断搅拌，并使用滤网撇去表面的浮沫。

6. 继续煮制至桑葚汁变得浓稠。

7. 趁热将桑葚汁装入玻璃瓶中，盖上盖子后倒置冷却，3～7天后放入冰箱冷藏保存。

实践2 凉拌桑叶芽

材料：桑叶、白芝麻、盐、白砂糖、生抽、醋、辣椒油、芝麻油、大蒜末。

桑叶蕴含丰富的营养价值，对人体有多种功效，包括降血糖、降血脂、降血压、美容养颜、预防心肌梗死和脑出血等功效，具有良好的保健作用。

制作步骤

1. 将新鲜的嫩桑叶洗净控水，大蒜去皮后切碎成末。

2. 大火将锅中的水烧开，将桑叶焯水约2 min后捞出，挤净水分放入盘中。

3. 加入白芝麻、盐、白砂糖、生抽、醋、辣椒油、芝麻油、大蒜末，用筷子充分搅拌均匀即可。

实践3　蚕宝宝养成记

材料：盒子1个、桑叶、蚕卵。

小小蚕农们，做好准备，我们要开始养蚕了。

蚕一生需要经历蚕卵、幼虫（幼蚕）、蛹（蚕茧）、成虫（蚕蛾）4个阶段。蚕卵孵化出幼蚕，经过3～4次蜕皮，从孵化到第1次蜕皮前称第一龄，每蜕皮一次，增长一龄，一般1龄至3龄称小蚕期，4龄至5龄称大蚕期。约30天后长成熟蚕，吐丝结茧，同时化蛹，一周后羽化成蚕蛾，钻出茧壳，雌雄交配后产卵，产卵后死去。整个过程历时约50天。

蚕卵：卵圆形，比小米粒小一点，颜色为灰绿色或灰紫色。

幼虫（幼蚕）：幼蚕的外形分头、胸、腹。头部即平常所说的嘴，胸部3环节，有3对胸脚；腹部10环节，有4对腹脚。

蛹（蚕茧）：熟蚕上蔟后约第5天化蛹。蛹体纺锤形，黄褐色。

成虫（蚕蛾）：具有1对白色鳞毛翅膀，但不能飞。交尾产卵2～3天后死亡。一只蛾产卵400～600粒。

蚕的生长变化记录表

日期	体长/mm	体色	吃食情况	排便情况	活动情况

观察与记录

1. 将蚕卵放入透明的圆形盒子中，方便观察和记录。

2. 经过1周左右的催青期，蚕宝宝从蚕卵中孵化出来，刚孵化出来的蚕又黑又小，也称为蚁蚕。

3. 每天为幼蚕准备2～4次新采摘的嫩叶，桑叶要保持干燥，不得有露水，同时用剪刀剪开一小段，方便幼蚕进食。更换桑叶时，要及时把剩余的残叶丢掉。1龄蚕经常性一动也不动，不要以为它死了而把它扔掉，它只是在发呆。

4. 蚕宝宝在第3天或第4天开始排泄小粒的粪便（蚕沙），随着身体的增长，蚕沙颗粒也会越来越大。可以用纱网兜住蚕，下面铺上白纸，方便清理收集蚕沙。

5. 待蚕宝宝稍微长大，桑叶不需要剪开，但还是要以嫩叶为主，幼蚕身体颜色会慢慢从黑色转变为深褐色再转为白色。当蚕宝宝头部的颜色变黑时，表明它们将要蜕皮，蜕皮时蚕宝宝不怎么动。

6. 随着身体再长长一些，蚕开始猛吃，生长得非常快。在蚕宝宝长大的过程中，因为会争夺地盘，要及时为蚕宝宝分盒。

7. 在经历第4次蜕皮后，蚕宝宝进入5龄期，身体慢慢变得透明，开始吃得少了，准备吐丝结茧，这时要为每个蚕宝宝准备好一个空间。

8. 蚕上蔟结茧后经过4天左右就会变成蛹。如果想看一下蛹的模样，可用剪刀将蚕茧剪开，将蛹取出仔细观察。

9. 蚕蛹躲在蚕茧内慢慢化蛾，1周后，蚕蛾会咬破蚕茧爬出来，这就是我们常说的“破茧而出”。

10. 把蚕蛾们放在一起，在完成雌雄交尾后，雄蛾很快死去，雌蛾在产下蚕卵后死去。

实践4 蚕茧如何手工抽丝？

材料：蚕茧、盆子、筷子、矿泉水瓶。

抽丝就是把蚕茧的丝抽取出来。请按照下面的步骤来操作一下吧！

1. 将蚕茧放入沸腾的水中煮，并不断翻动蚕茧。

2. 当水变成黄色时，将蚕蛹捞起来，放置在盛有热水的干净的盆中。

3. 用一双筷子在水中沿着一个方向用力搅拌，水中散落的蚕丝头慢慢地就会缠绕到筷子上，把筷子慢慢提拉出来。

4. 把扯开的蚕丝套在矿泉水瓶上。

5. 把矿泉水瓶上的蚕丝取下来晾干。晾干后的蚕丝可用于制作蚕丝扇、蚕丝灯或更高难度的丝巾。

蝴蝶兰

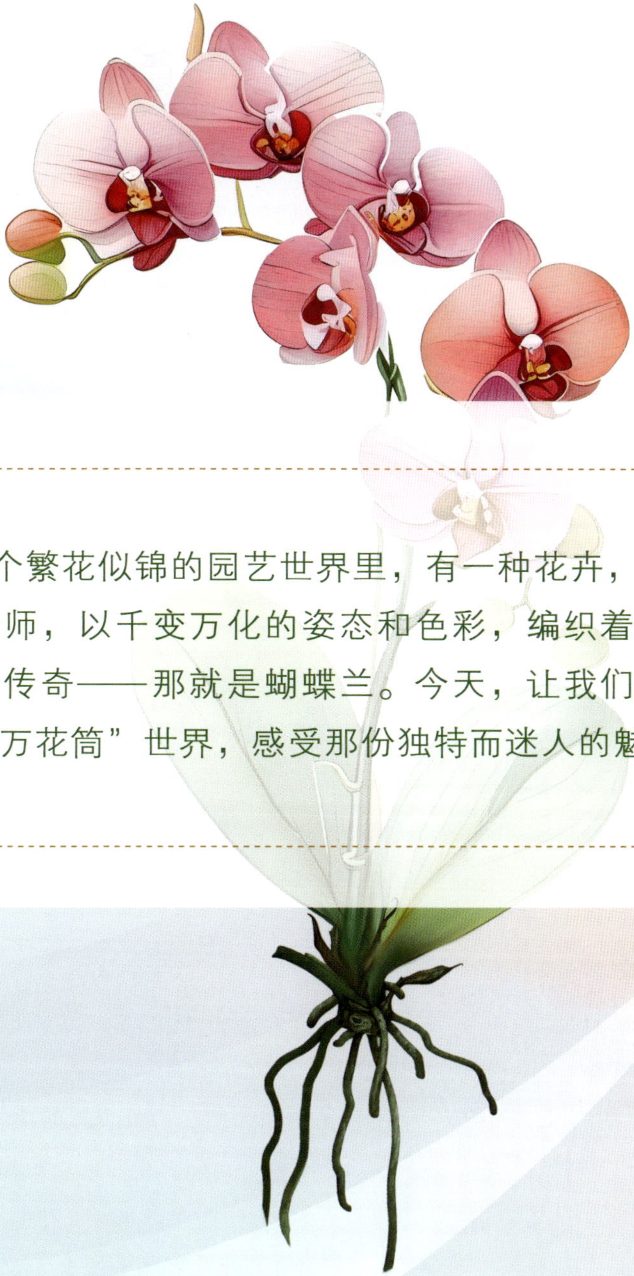

在这个繁花似锦的园艺世界里，有一种花卉，它宛如自然界的魔法师，以千变万化的姿态和色彩，编织着一个又一个关于美的传奇——那就是蝴蝶兰。今天，让我们一同踏入蝴蝶兰的“万花筒”世界，感受那份独特而迷人的魅力吧。

蝴蝶兰的起源及历史

1750年，蝴蝶兰由德国科学家格奥尔格·艾伯赫·郎弗安斯（Georg Eberhard Rumphius）在大洋洲巴布亚新几内亚的安汶岛上发现。

1825年，德国植物学家卡尔·路德维希·冯·布卢姆（Carl Ludwig von Blume）发现其形态和结构都具有蝴蝶般的美丽，将其命名为蝴蝶兰，并一直沿用至今。

蝴蝶兰的花语

蝴蝶兰属于经典年宵花，被誉为“兰花皇后”，常作为盆栽或切花，象征着女子的清新脱俗和美丽优雅。其花语是“我爱你，幸福向你飞来”，十分适合送给朋友或恋人，寓意给他们带来好运。

不同颜色的蝴蝶兰寓意各不相同

白花蝴蝶兰：爱情纯洁　友谊珍贵

红色蝴蝶兰：好事连连　幸福美满

条纹及斑点蝴蝶兰：事事顺心　心想事成

黄色蝴蝶兰：事业发达　生意兴隆

迷你蝴蝶兰：快乐天使　活灵活现

蝴蝶兰的定义

【中 文 名】蝴蝶兰

【学　　名】*Phalaenopsis aphrodite*

【英 文 名】phalaenopsis

【分　　类】兰科蝴蝶兰属

【别　　名】蝶兰、洋兰

蝴蝶兰的分布及种类

【分布】蝴蝶兰原产于热带、亚热带地区，主要附着生长在高温高湿的河川海岸边的森林树木上。随着蝴蝶兰组培技术和温室栽培技术的攻克，蝴蝶兰产业得以迅速发展。国内的蝴蝶兰产地以广东省、山东省、福建省以及江浙沪4大产区为主，其中广东省是国内蝴蝶兰的第一产销大省。

【种类】蝴蝶兰因花色艳丽、花期长，具有极高的观赏价值，是世界上热销的兰花之一。目前，已知具有野生种75种及自然杂交种6种，人工杂交种则多达5万多种。

根据花色分类

红花系列

白花系列

黄花系列

条纹及斑点花系列

根据花径分类

大花型（花径>10 cm）

代表品种为大辣椒大花型。

中花型（花径7.5 ~ 10 cm）

代表品种为法国斑中花型。

小花型（花径<7.5 cm）

代表品种为象形文字小花型。

大辣椒大花型

法国斑中花型

象形文字小花型

齐白石所题画扇《蝴蝶兰图》扇面的左侧题款

“栩栩枝头飞有意，春风吹动舞衣裳”

蝴蝶兰的结构

花

茎

单茎性兰花，可支撑叶片及花序轴，输送养分。

叶

叶片套叠互生，宽大肥厚，表面具有蜡质光泽。

根

属于气生根，可从空气中吸收水分和矿物质等营养物质。

果实

种子

果实及种子

果实称为蒴果，须借助真菌萌发，但萌发率极低，一般采用人工组织培养的方式进行无菌播种。

蝴蝶兰的生长过程

蝴蝶兰从试管苗移栽到开花至少需要1～2年，多则可达5～6年。从瓶苗到开花成品可分为瓶苗、小苗、中苗、大苗、开花5个生长阶段。蝴蝶兰最适生长温度为白天25～28℃，夜间18～20℃。精准的温度控制对于蝴蝶兰的生长至关重要。当蝴蝶兰具有5片成熟叶片时，可进行低温催花处理，其花期可达2～3个月。

接种
0天

培养室培养
2～3个月

瓶苗
2～3个月

4 cm小苗
3～4个月

6 cm中苗
3～4个月

9 cm大苗
3～4个月

低温催花
1～2个月

开花
1.5～2年

一个部位可长出一枝植株？

是的，这得益于植物细胞的全能性原理。植物的每个细胞都包含着该物种的全部遗传信息，因此具备发育成完整植株的遗传能力。在无菌条件下，将离体的植物器官、组织、细胞以及原生质体等在培养基上培养，结合激素调节和适当的条件，可长成完整植株。

组织培养

组织培养是蝴蝶兰高效生产的最佳方法。1974年，Intuwong和Sagawa利用蝴蝶兰茎尖在无菌的培养基上成功诱导产生了原球茎，再由原球茎分化成幼苗，形成完整的植株。目前，生产上常用的外植体主要为花序轴和植株的叶片。

低温催花

低温催花是通过人工调控温度使蝴蝶兰按需开花。一般情况下，成龄植株在昼温25～27℃、夜温18～20℃、昼夜温差保持在6～8℃的条件下利于花芽形成。蝴蝶兰于目标花期的前4～5个月进入智能温室进行催花处理，结束催花时间则以花芽抽出10～15 cm为准，持续1～2个月，完成花芽形成过程。

蝴蝶兰为何在低温下才能开花？

成熟的蝴蝶兰必须接受一定的环境刺激才能启动生殖生长。低温能够刺激其花芽分化。在低温条件下，蝴蝶兰的生长速度会减缓，而花芽的形成则会加速。这意味着当蝴蝶兰暴露在较低的温度下时，其花芽更容易形成，从而促进了开花的发生。

蝴蝶兰的育种技术

蝴蝶兰育种知多少?

杂交育种是蝴蝶兰育种的主要方法。选择亲和性高的父母本是蝴蝶兰杂交育种成功的前提。随着蝴蝶兰产业的发展，新品种的培育显得愈发重要。蝴蝶兰的栽培育种研究大致经历了3个阶段。

1. 1825—1900年，蝴蝶兰主要作为珍贵的室内盆栽植物，多是从原产地采集驯化后直接用于观赏。

2. 1900—1960年，品种培育以自然变异筛选为主；随着种子繁殖技术的建立，杂交育种技术开始得到应用。

3. 1960年至今，无菌播种技术的发展极大地促进了蝴蝶兰杂交育种的发展，杂交成为品种培育的主要技术手段，现代生物学技术也逐渐被应用于新品种的培育或辅助杂交育种。

以杂交育种花色为例

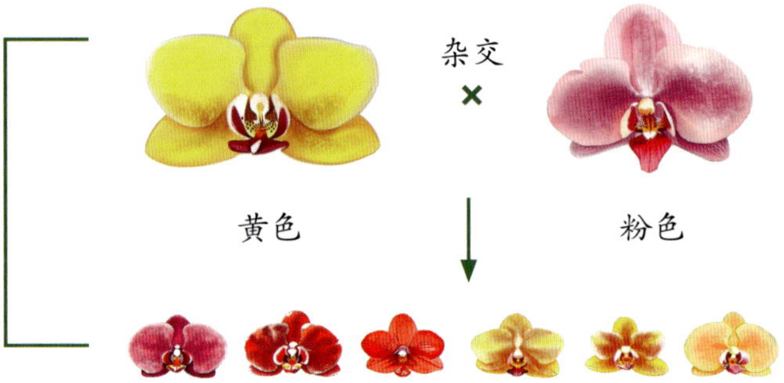

杂交后代性状分离及筛选

蝴蝶兰为什么有那么多种花色？

影响蝴蝶兰花色的花青素主要包括天竺葵素、矢车菊素和飞燕草素。这些花青素的成色范围广泛，可使花朵呈现出从淡黄色到紫蓝等多种颜色。

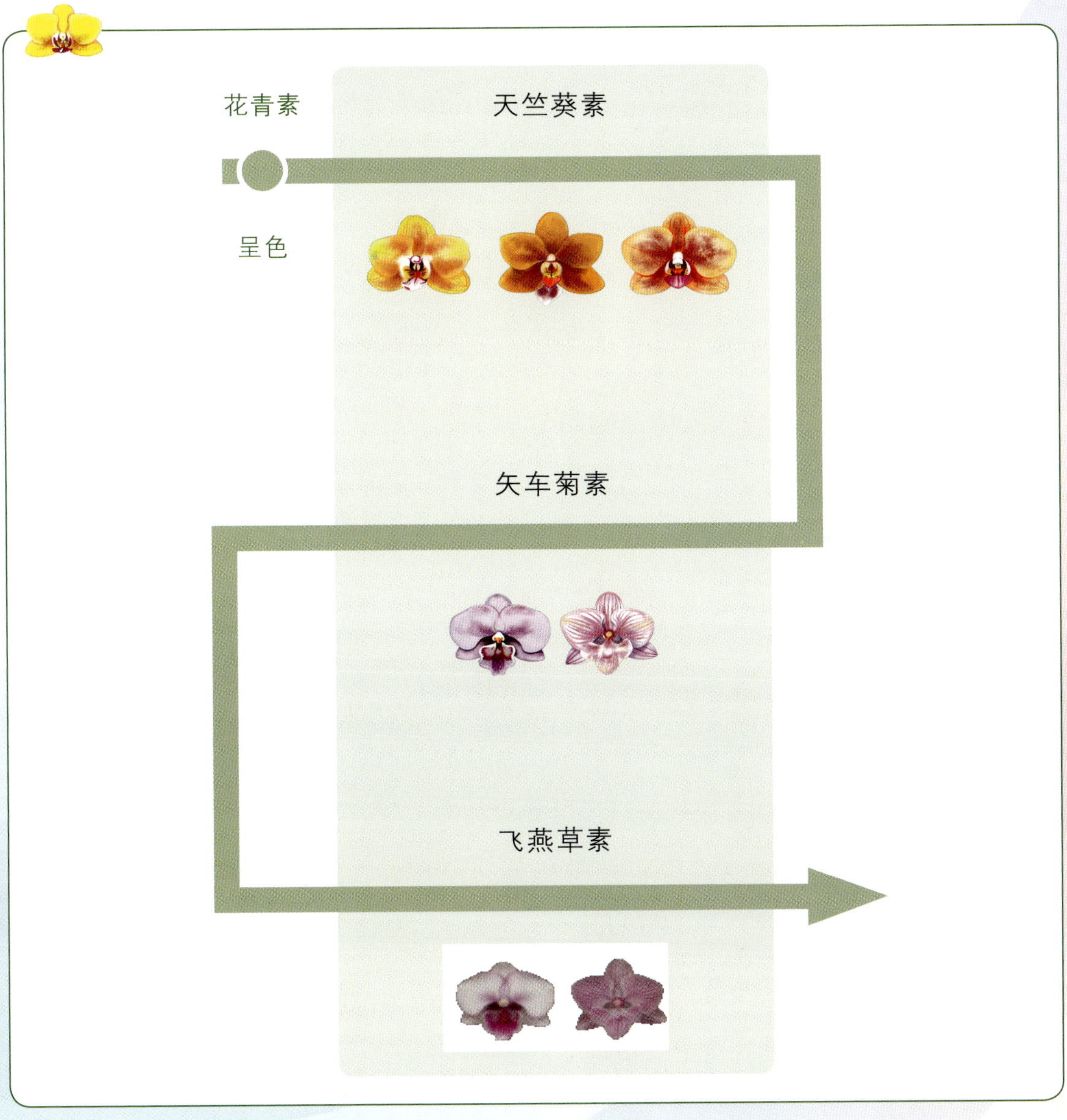

家养蝴蝶兰的要点

光照

- 喜欢散射光。
- 摆放在窗户的侧边，避免正对阳光。

通风

- 保持流动的新鲜空气。
- 防暑。
- 避免病虫为害。

温度

- 适宜的生长温度为16～30℃。
- 冬季温度低于10℃会停止生长，低于5℃则容易死亡。冬季夜间需将蝴蝶兰移入室内保温防寒，但要远离暖气。

浇水

- 遵循“见干见湿”的原则。用手指按压基质，若潮湿则无需浇水，若干燥则浇水。
- 冬季约15天浇水1次，夏季约7天浇水1次。

施肥

- 全年都需要施肥。
- 生长期可施用花信兰肥和钙、镁肥。

如何挑选蝴蝶兰？

看叶

植株健壮挺拔，叶片在5个以上且排列整齐，无黄叶和病斑，叶片厚实有光泽，手感硬挺。

看花

花茎粗壮，花量在8朵以上，并有部分花朵开放；花瓣宽阔有光泽，花色艳丽；盛开的花朵不能出现发软和收缩状态。

看根系

根系粗壮且有新根抽生，栽培基质内部的根呈白色，生长的根系呈嫩绿色或白绿色，根冠呈紫红色。

蝴蝶兰的二次开花

蝴蝶兰开花期一般可持续1个月以上，有的可达2～3个月。当买回来的蝴蝶兰花凋谢后，不要急于丢弃，这样处理一下还可以二次开花噢。

剪枝

开花后花梗留1～3个生长节点（确保有芽眼），剪除其他花梗部位。

花料处理

蝴蝶兰花期结束后，根系通常已经耗尽养分，因此需要进行修根换盆。将植株取出，清理根系并剪掉烂根和干枯的叶片。拆掉原来的水苔并用水清洗干净，选择合适的花料重新栽种。

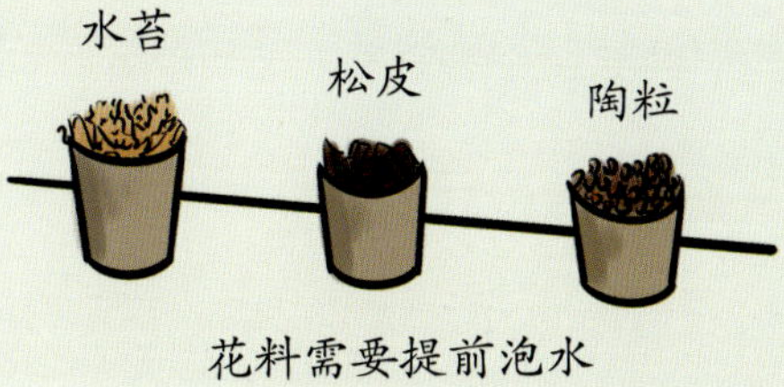

最上层铺设纯水苔，既可保湿，又可诱导根系下扎。
南方地区气候较为炎热，可以在水苔中掺入松皮，增大透气性。
疏水层采用陶粒进行铺垫。

养护开花

参考家养蝴蝶兰的相关要点进行培育。

实践1　组织培养技术

以叶片为外植体的组织培养方法

外植体的准备与接种

选取生长健壮、叶片肥厚的试管苗，切取1 cm^2大小的叶片小块，接种于增殖培养基上进行培养。将切取的部位上表面朝上平铺在培养基上进行诱导培养。经过30～45天后，部分叶片开始分化，且不经过原球茎阶段，直接分化出芽。

接种后的第1周通常需要进行暗培养，随后设定光照强度为1500～2500 lx，光照时间为每天12～16 h；较适宜的培养温度为26～28℃。

类原球茎的增殖与分化

蝴蝶兰叶块接入诱导培养基约30天后，可观察到部分切块叶片边缘出现少量直径约1 mm的黄绿色类原球茎状颗粒；50天后，随着培养时间的延长，颗粒增多，体积膨大，叶片切口处布满原球茎状体。此外，有些叶片表面还长出单个或丛生状的原球茎状体，使用镊子轻轻拨动即可使原球茎与外植体分离。将这些原球茎转移至新鲜的培养基上继代增殖培养，可使原球茎无限增殖。通过反复切割继代培养，即可建立快繁无性系。

生根与壮苗

将已出芽的类原球茎接种到生根壮苗培养基中进行培养，经过40～50天后，即可驯化移栽至温室进行栽培。

实践2 杂交授粉

蝴蝶兰在开花后4～6天进行授粉的成果率最高，用于授粉的花粉必须为鲜黄色，即刚开花时的花粉。

选择亲本

选择成熟且健壮的植株作为亲本，一般正在开花的花朵均可授粉结果。

取花粉

用镊子或牙签向上轻轻一揭即可摘取花粉，然后放在纸上备用。

杂交

授粉时，先用牙签或尖头小镊子蘸取柱头黏液，粘起一粒花粉块，轻轻放在母本的柱头上。

准备去除药帽。

去除药帽，反转能看到花粉粒。

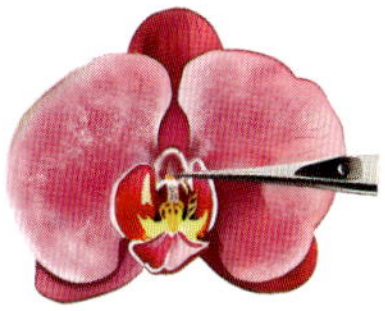

取出花粉粒。

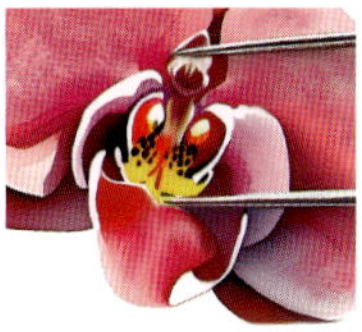

将花粉粒放入柱头。

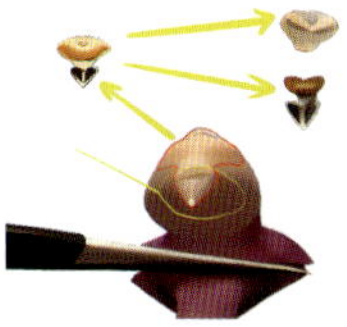

杂交后管理

杂交后，在标签上记录交配双亲、杂交日期，并挂在授粉母株上。大部分授粉成功后的蝴蝶兰的花瓣会在第2天凋谢，几天后柱头开始肥大，1周后子房开始膨大。一般杂交后5～6个月种子成熟，果荚由绿色转为黄色或褐色表示种子已成熟。

实践3 压花相框

压花是一门保留大自然的艺术创作，不仅可以保留花的原色，并可结合艺术创作呈现独特的艺术作品。蝴蝶兰因其花色丰富、花朵形似蝴蝶而成为压花的主要素材之一。

1. 将蝴蝶兰的枝和前面突出来的部分全部切除。

2. 将花瓣全部拆开。

3. 压花器处理，压花的时候按照一层吸水板、一层衬纸、一层花材、一层衬纸、一层海绵的顺序依次摆放，然后在上下两面加上两块夹板，用绑带给予压力，使花材压制平整。将绑好的压花器放入密封袋中，在阴凉干燥处放置1周左右。中途如果吸水板潮湿变软，则需要用微波炉烘干后继续压制，等花材完全干燥后方可取出。

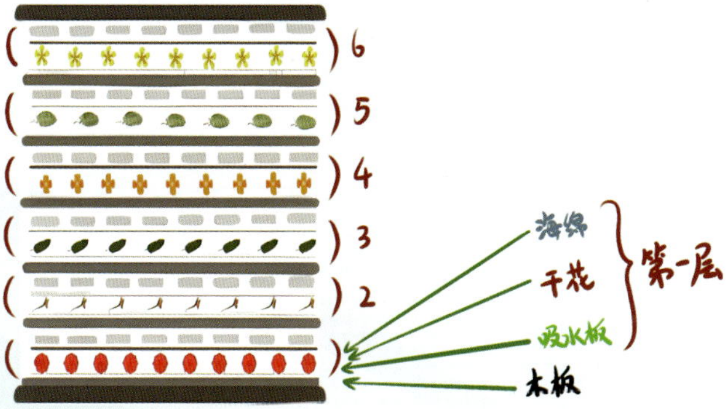

4. 根据自己的喜好，将蝴蝶兰与其他花材进行搭配创作。用白乳胶将花材粘贴在纸板上，然后在做好的压花画正反面贴上一层冷裱膜以防止回潮。最后，将画装入合适的相框中。